LOS ANIMALES MÁS LETALES

LA MAMBA NEGRA

Un libro de Las Ramas de Crabtree

Amy Culliford
Traducción de Santiago Ochoa

Crabtree Publishing
crabtreebooks.com

Apoyos de la escuela a los hogares para cuidadores y maestros

Este libro de gran interés está diseñado con temas atractivos para motivar a los estudiantes, a la vez que fomenta la fluidez, el vocabulario y el interés por la lectura. Las siguientes son algunas preguntas y actividades que ayudarán al lector a desarrollar sus habilidades de comprensión.

Antes de leer:

- *¿De qué creo que trata este libro?*
- *¿Qué sé sobre este tema?*
- *¿Qué quiero aprender sobre este tema?*
- *¿Por qué estoy leyendo este libro?*

Durante la lectura:

- *Me pregunto por qué...*
- *Tengo curiosidad por saber...*
- *¿En qué se parece esto a algo que ya conozco?*
- *¿Qué he aprendido hasta ahora?*

Después de la lectura:

- *¿Qué intentaba enseñarme el autor?*
- *¿Qué detalles recuerdo?*
- *¿Cómo me han ayudado las fotografías y los pies de foto a comprender mejor el libro?*
- *Vuelvo a leer el libro y busco las palabras del vocabulario.*
- *¿Qué preguntas me quedan?*

Actividades de extensión:

- *¿Cuál fue tu parte favorita del libro? Escribe un párrafo al respecto.*
- *Haz un dibujo de lo que más te gustó del libro.*

ÍNDICE

UNA SERPIENTE MORTAL

África es una **vasta** tierra llena de animales mortales. Probablemente vienen a nuestra mente hipopótamos, elefantes, cocodrilos y leones. Después de todo, son animales grandes y definitivamente peligrosos. Quizá otro animal peligroso merezca más atención: la mamba negra. La mamba negra es una de las serpientes más letales de África.

ÁFRICA

MILES DE PERSONAS MUEREN CADA AÑO EN ÁFRICA DEBIDO A LAS MORDEDURAS DE SERPIENTES VENENOSAS. SIN ATENCIÓN MÉDICA INMEDIATA, LA MORDEDURA DE UNA MAMBA NEGRA PUEDE PROVOCAR LA MUERTE.

Las serpientes mamba negra son temidas en África. Su mordedura es letal y se sabe que son agresivas cuando se ven amenazadas. Tampoco ayuda el hecho de que sean una de las serpientes más rápidas del mundo. Una mamba negra acorralada o que se siente amenazada es un animal peligroso.

Las mambas negras pueden moverse a más de 12 millas por hora (20 km/h). La cascabel cornuda, sin embargo, es en realidad la serpiente más rápida del mundo. Se mueve a 18 millas por hora (29 km/h).

cascabel cornuda

Las mambas negras viven en muchos países africanos que se encuentran al sur del desierto del Sahara. Ellas prefieren los ambientes secos. Hacen su hogar en zonas rocosas a lo largo de los ríos y en pastizales boscosos.

Desierto
del Sahara

montículo de termitas

Las mambas negras se desplazan principalmente a nivel del suelo, aunque a veces suben a los árboles. Cazan de día y duermen de noche en árboles huecos o en montículos de termitas vacíos.

LAS MAMBAS NEGRAS SON DE SANGRE FRÍA. SU TEMPERATURA CORPORAL DEPENDE DE LA TEMPERATURA DE SU ENTORNO.

VIDA FAMILIAR

Decir que las mambas negras tienen una vida familiar puede ser una exageración. Pero como todos los animales, las mambas deben **reproducirse** para sobrevivir. El cortejo comienza cuando los machos realizan un combate parecido a una danza con otros machos. El ganador de la batalla gana el derecho de aparearse con la hembra.

Las mambas macho luchan por el derecho de apareamiento.

Después del apareamiento, las serpientes macho y hembra no vuelven a interactuar. Unos 60 días después, la hembra pone los huevos en el hueco de un árbol o en otro lugar seguro, luego se marcha para no volver nunca: ¡esa no es una vida muy familiar!

Las mambas bebé se parecen a las adultas, solo que son más pequeñas.

MAMBAS NEGRAS

Las mambas negras no son de color negro. Típicamente son café grisáceo en la parte superior y blanco grisáceo por debajo. Reciben su nombre por el color negro del interior de su boca.

La mambas negras son las serpientes venenosas más grandes de África: alcanzan los 14 pies (4.3 metros) de extensión. Son la segunda serpiente venenosa más larga del mundo. Solo la cobra real de Asia es más larga.

SERPIENTES MAMBA

La mamba negra es una de las cuatro **especies** de serpientes mamba. Las cuatro son muy rápidas y muy venenosas. La mamba negra es una serpiente de tierra, mientras que las otras viven en los árboles.

MAMBA DE JAMESON:

ESTA ESPECIE VIVE EN LA CÁLIDA ÁFRICA CENTRAL.

MAMBA VERDE ORIENTAL:

Esta especie vive en las regiones costeras de África oriental.

MAMBA VERDE OCCIDENTAL:

Esta serpiente de color amarillo verdoso vive en la selva tropical costera de África Occidental.

¿Sabías que...? El número de filas de escamas ayuda a identificar a qué especie pertenece una serpiente. Las mambas negras tienen en el vientre de 248 a 281 escamas. Estas escamas les ayudan a desplazarse por superficies planas.

ARMAS LETALES

ARMA NÚMERO UNO: LOS COLMILLOS

Las mambas negras tienen dos colmillos en la parte delantera de su mandíbula superior. Los colmillos de los adultos miden aproximadamente 1/4 de pulgada (6.5 mm) de largo. Su función es inyectar veneno en la **presa**.

ARMA NÚMERO DOS: EL VENENO

El veneno es el arma más letal de la mamba. Las jóvenes mambas tienen 2 o 3 gotas de veneno en cada colmillo. Los adultos pueden tener 20 gotas por colmillo. Se necesitan solo 2 gotas para matar a un humano adulto.

ARMA NÚMERO TRES: LA VELOCIDAD

La velocidad es importante para la supervivencia de las mambas negras. No solo se mueven rápido, sino que también pueden atacar en una fracción de segundo. El veneno de la mamba negra también es rápido. Puede **paralizar** o matar a la presa en minutos.

ARMA NÚMERO CUATRO: EL COLOR

El color gris pardo de la mamba negra es un **camuflaje**. Ayuda a la serpiente a confundirse con el barro y las laderas rocosas.

UNA MAMBA NEGRA SUELE AVISAR A SUS ENEMIGOS ANTES DE ATACAR O DEFENDERSE. LEVANTA LA CABEZA DEL SUELO Y HASTA UN TERCIO DE LA LONGITUD DE SU CUERPO. APLANA SU CUELLO EN UNA CAPUCHA Y ABRE SU BOCA NEGRA. A VECES LE SISEA A SU ENEMIGO.

ARMA NÚMERO CINCO: SENTIDOS AGUDOS

Las mambas negras tienen un **órgano de Jacobson** en el hocico. Este órgano es un parche de células **sensoriales**. Cuando la mamba mueve su lengua hacia adentro y hacia afuera, las células le ayudan a detectar olores y la humedad en el aire.

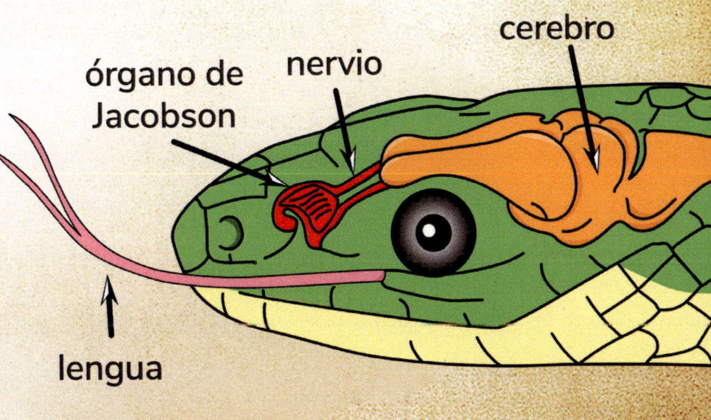

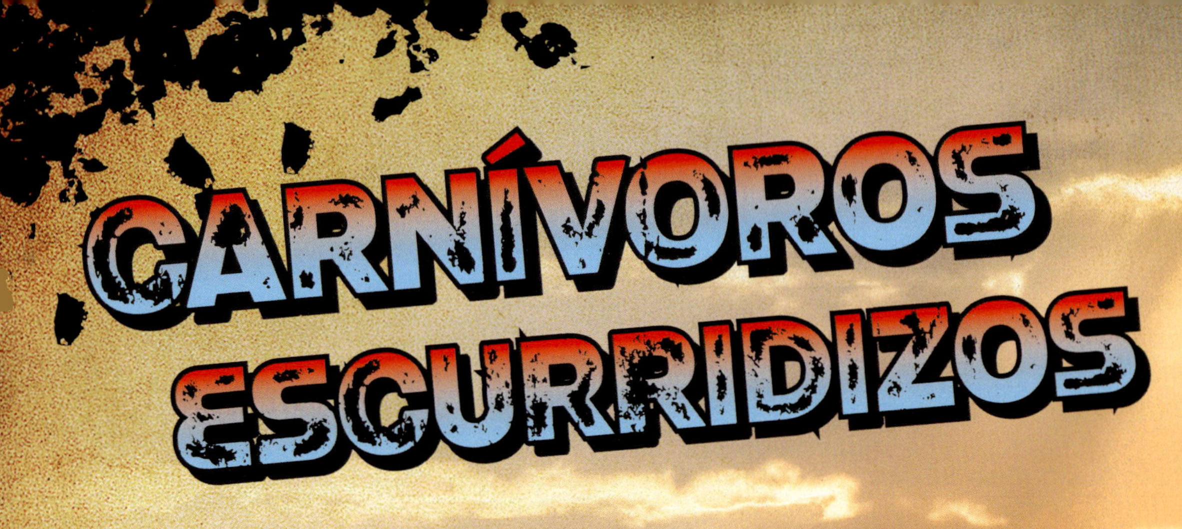

CARNÍVOROS ESCURRIDIZOS

Como todas las serpientes, las mambas negras son carnívoras: comen otros animales para sobrevivir. Las mambas negras se alimentan de roedores, aves y otras serpientes. Tienen buena vista y pueden percibir el movimiento. Sin embargo, la mamba negra caza valiéndose de su sentido del olfato, usando el órgano de Jacobson para rastrear a su presa.

En la naturaleza, las mambas negras pueden vivir alrededor de 11 años.

LISTA PARA MATAR

La mamba negra a veces acecha pacientemente a su presa. Cuando la presa se acerca, la mamba ataca. Otras veces, la serpiente utiliza su famosa velocidad, persigue a la presa y ataca en un abrir y cerrar de ojos.

Después de inyectar el veneno a su víctima, la mamba negra se retira y espera a que el veneno haga su trabajo mortal. La retirada protege a la mamba de la lucha con la presa.

¿Sabías que...? La palabra *venenoso* significa líquido peligroso que se inyecta, mientras que *tóxico* significa compuesto peligroso que se ingiere.

Una vez mordida, su víctima no tiene ninguna posibilidad de sobrevivir. El veneno de la mamba actúa rápidamente. Se necesita tan solo una pequeña cantidad de veneno de mamba negra para matar. El veneno apaga el sistema nervioso del animal, esto causa parálisis y la muerte. Cuando la víctima ya no se mueve, la mamba negra se acerca y se traga a su presa entera.

La mandíbula de una mamba negra se abre en dos direcciones, lo que le permite tragar presas mucho más grandes que su cráneo.

LAS MAMBAS NEGRAS Y LAS PERSONAS

Las mambas negras prefieren vivir lejos de las personas. Sin embargo, la destrucción de su **hábitat** a veces las obliga a vivir cerca de los humanos.

A pesar de su reputación de ser agresivas, las mambas negras son tímidas normalmente. Si se les da la oportunidad, casi siempre huirán en lugar de atacar.

EL ANTÍDOTO ES UN TRATAMIENTO PARA LAS MORDEDURAS Y PICADURAS VENENOSAS. PUEDE DETENER UN DAÑO MAYOR, PERO NO PUEDE REVERTIR EL DAÑO QUE SE HA PRODUCIDO.

¡LA MAMBA ATACA!

En 2008, un joven se estaba entrenando para ser guía de safaris en una escuela de fauna sudafricana. Una mamba negra fue vista donde los estudiantes solían caminar. El aprendiz y los miembros del personal atraparon a la serpiente para eliminar el peligro. Mientras el joven ayudaba a poner la serpiente en un frasco, les dijo a los miembros del personal que creía que la serpiente le había rozado un dedo. En una hora, la visión del aprendiz se nubló. Se desplomó y murió poco después. Los médicos concluyeron que el aprendiz había muerto a causa del veneno de la mamba negra. ¡El joven ni siquiera se dio cuenta de que había sido mordido!

LAS MAMBAS NEGRAS SON GRANDES, RÁPIDAS Y VENENOSAS. ES POR ESO QUE SON CONSIDERADAS UNO DE LOS ANIMALES MÁS LETALES DEL MUNDO.

GLOSARIO

camuflaje: Coloración que hace que los animales se parezcan a su entorno.

especies: Las clasificaciones en las que se agrupan los distintos tipos de animales o plantas.

hábitat: El lugar natural donde vive una planta o animal.

órgano de Jacobson: Una parte del cuerpo situada en lo alto de la boca de muchos animales, que les ayuda a oler las cosas.

paralizar: Hacer que no sea posible moverse.

presa: Un animal que es cazado por otro para alimentarse.

reproducirse: Que tienen hijos.

sangre fría: Animales que tienen temperaturas corporales que cambian con la temperatura de su entorno.

sensoriales: Que tienen que ver con los sentidos del olfato, el oído, la vista, el gusto y el tacto.

vasta: Área enorme.

venenosas: Que están provistas de un fluido venenoso que suministran por inyección.

Índice analítico

Sitios web (páginas en inglés):

https://kids.britannica.com/kids/article/mamba/543521

www.krugerpark.co.za/krugerpark-times-17-facts-about-the-black-mamba.html

https://kids.kiddle.co/Black_mamba

ACERCA DE LA AUTORA

Amy Culliford

Amy Culliford es licenciada en Bellas Artes. Ha trabajado como profesora de teatro en el campo escolar y ha dirigido programas de teatro extraescolares. Evita los animales letales de cualquier tipo.

La autora desea agradecer a David y Patricia Armentrout por su investigación y contribuciones a este proyecto.

Crabtree Publishing

crabtreebooks.com 800-387-7650

In Canada: We acknowledge the financial support of the Government of Canada through the Canada Book Fund for our publishing activities.

Produced by: Blue Door Education for Crabtree Publishing
Written by: Amy Culliford
Designed by: Jennifer Dydyk
Edited by: Tracy Nelson Maurer
Proofreader: Crystal Sikkens
Translation to Spanish: Santiago Ochoa
Spanish-language layout and proofread: Base Tres
Production manager: Candice Campbell

Hardcover	978-1-0396-1250-1
Paperback	978-1-0396-1256-3
Ebook (pdf)	978-1-0396-1262-4
Epub	978-1-0396-1268-6
Read-along	978-1-0396-1274-7
Audio book	978-1-0396-1280-8

Printed in the U.S.A./CP102025

Library and Archives Canada Cataloguing in Publication

Title: La mamba negra / Amy Culliford ; traducción de Santiago Ochoa.
Other titles: Black mamba. Spanish
Names: Culliford, Amy, 1992- author. | Ochoa, Santiago, translator.
Description: Series statement: Los animales más letales | Translation of: Black mamba. | Includes index. | "Un libro de las ramas de Crabtree". | Text in Spanish.
Identifiers: Canadiana (print) 20210283378 | Canadiana (ebook) 20210283386 | ISBN 9781039612501 (hardcover) | ISBN 9781039612563 (softcover) | ISBN 9781039612624 (HTML) | ISBN 9781039612686 (EPUB) | ISBN 9781039612747 (read-along ebook)
Subjects: LCSH: Black mamba—Juvenile literature.
Classification: LCC QL666.O64 C8518 2022 | DDC j597.96/4—dc23

Published in Canada
Crabtree Publishing
616 Welland Avenue
St. Catharines, Ontario
L2M 5V6

Published in the United States
Crabtree Publishing
347 Fifth Avenue
Suite 1402-145
New York, NY 10016

Photographs: Cover photo © Robin Winkelman | Dreamstime.com, graphic splat on cover and throughout © Andrii Symonenko /Shutterstock.com, Page 4 © Susan Schmitz/Shutterstock.com,page 5 map © maodoltee/ Shutterstock.com, mamba page 5, 6, 8 © NickEvansKZN/Shutterstock.com, page 7 © Fine Art Photos/Shutterstock.com, pages 6-7 background image © Giordano Aita/Shutterstock.com, page 8 globe © MarcelClemens/ Shutterstock.com, page 9 (top) © Vadim Petrakov/Shutterstock.com, (bottom) © Tallies/Shutterstock.com, page 10 © © Gerhardt Nieuwoudt https://creativecommons.org/licenses/by-sa/1.0/deed.en, Page 11 (top) © Dylan leonard/Shutterstock.com, (bottom) © NickEvansKZN/ Shutterstock.com, pages 12-13 background photo © sarintra chimphoolsuk/ Shutterstock.com, page 12 © reptiles4all/Shutterstock.com, page 13 (top) © NickEvansKZN/Shutterstock.com, (bottom) © Pieter Oosthuizen/ Shutterstock.com, pages 14-15 background photo © Manamana, page 14 © Jiri Prochazka/Shutterstock.com, page 15 (top) © himanshu_alwaria/ Shutterstock.com, (bottom) © J.A. Dunbar, Page 16 © Jorgen Mus/ Shutterstock.com, page 17 © Joe McDonald/Shutterstock.com, page 18 © Cormac Price/Shutterstock.com, page 19 (top) © Stu Porter/Shutterstock.com, (bottom) © © Fred the Oyster (Wikipedia) https://creativecommons.org/licenses/by-sa/4.0/, pages 20-21 background photo © Manamana, page 20 © Reptiles4all/Shutterstock.com, page 21 (top) © NickEvansKZN/ Shutterstock.com, (bottom) © Tobie Oosthuizen/Shutterstock.com, page 22 © Tad Arensmeier (Wikipedia) https://creativecommons.org/licenses/by-sa/3.0/deed.en, page 23 (top) © NickEvansKZN/Shutterstock.com, (bottom illustration) © Martial Red/Shutterstock.com, page 24 © reptiles4all/ Shutterstock.com, page 25 © Karl van der Westhuizen/Shutterstock.com, page 26 © Karl O'Neill /Shutterstock.com, page 27 (top) © Andrea Izzotti/ Shutterstock.com, (bottom) squeezing snake venom © MemoryMan/ Shutterstock.com, vials © SashaMagic/Shutterstock.com, page 28 © Stu Porter/Shutterstock.com, page 29 © NickEvansKZN/Shutterstock.com

Library of Congress Cataloging-in-Publication Data

Names: Culliford, Amy, 1992- author.
Title: La mamba negra / Amy Culliford ; traducción de Santiago Ochoa.
Other titles: Black mamba. Spanish
Description: New York : Crabtree Publishing, [2022] | Series: Los animales más mortales - un libro de las ramas de Crabtree | Includes index.
Identifiers: LCCN 2021036866 (print) | LCCN 2021036867 (ebook) | ISBN 9781039612501 (hardcover) | ISBN 9781039612563 (paperback) | ISBN 9781039612624 (ebook) | ISBN 9781039612686 (epub) | ISBN 9781039612747
Subjects: LCSH: Black mamba--Juvenile literature. | Dangerous animals--Juvenile literature.
Classification: LCC QL666.O64 C8518 2022 (print) | LCC QL666.O64 (ebook) | DDC 597.96/42--dc23
LC record available at https://lccn.loc.gov/2021036866
LC ebook record available at https://lccn.loc.gov/2021036867